GRAMMAIRE AGRICOLE

GRAMMAIRE
AGRICOLE
OU
TRAITÉ ÉLÉMENTAIRE
D'AGRICULTURE

Par GUILLEMIN,

AGRICULTEUR ET ANCIEN ÉLÈVE DE ROVILLE.

« Tout fleurit dans un Etat où fleurit
« l'agriculture. » — SULLY.

MOULINS,

MAISON ÉNAUT, REP. PAR COMOY ET GILLIET,

—

1858.

[illegible]

[illegible]

[illegible]

[illegible]

[illegible]

[illegible]

[illegible]

[illegible]

[illegible]

[illegible]

[illegible]

[illegible]

[illegible]

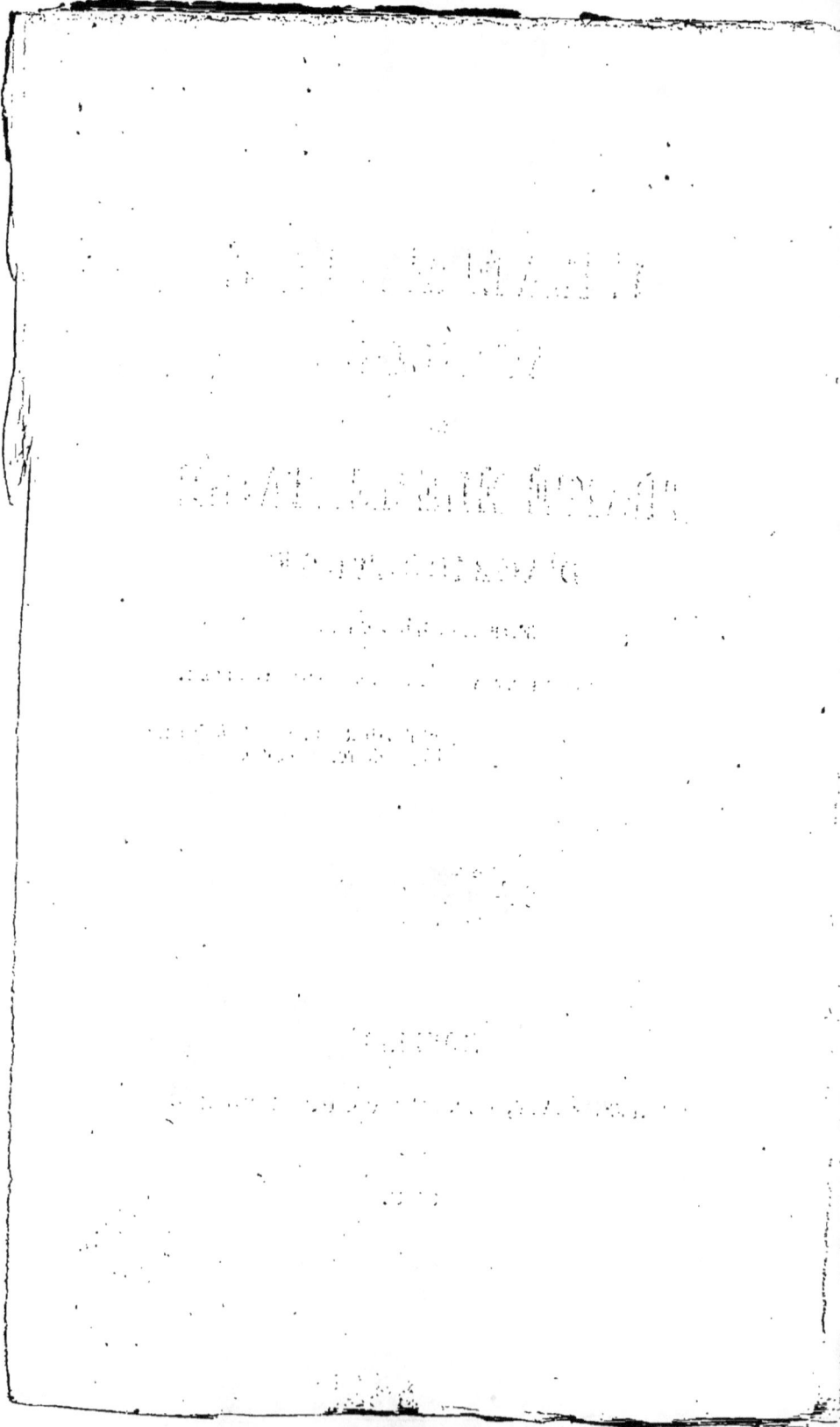

AUX INSTITUTEURS PRIMAIRES

Après une pratique de vingt années, il m'était facile de grouper, dans une analyse aussi succinte que possible, les *règles générales* de l'agriculture, les *principes raisonnés* du croisement de deux races l'une par l'autre et l'*art* de donner des soins au bétail, branche importante de l'agriculture, trop négligée jusqu'ici dans bien des localités.

Ce qu'il m'était donné de faire, je l'ai fait ; ma tâche est remplie.

Mais là où finit la mienne, commence

celle de ces hommes honorables qui se consacrent à l'enfance, qui la dirigent, l'instruisent et la préparent à entrer dans une vie toute de labeurs et parsemée d'écueils contre lesquels il faut la prémunir.

Ces écueils sont la routine, l'ignorance, l'insuccès, provenant le plus souvent d'un défaut d'ordre ou d'essais tentés légèrement et qui, dans ce cas, ont leur recours contre la bourse de celui qui les entreprend.

Or, le moment est venu où l'agriculture doit suivre l'impulsion imprimée à toutes les branches de l'industrie, car, tout marchant autour d'elle, tout...., le *statu quo* chez elle perpétuerait un certain malaise, en ce sens que l'industrie n'est point mère de l'agriculture, mais bien l'agriculture qui est la *mère* de l'industrie; l'une dérive de l'autre!....

C'est donc aux instituteurs qu'appartient en partie l'honneur de placer l'agriculture au rang qu'elle devrait occuper dans le monde, en inculquant de bonne heure, dans l'esprit de ces jeunes enfants, l'espoir de la France, des principes agricoles justes et raisonnés.

Sans doute, Messieurs, vous ne serez point tout-à-coup de véritables praticiens, parce qu'il faut, en outre de ce qu'enseigne cette petite grammaire, certaines connaissances que l'habitude et le travail seuls peuvent donner, mais en vulgarisant la science agricole vous détruirez bien des erreurs, et nous n'aurons plus la douleur de voir les laboureurs se raidir contre tout ce qui sort des règles de la routine ou flotter au hasard comme des hommes à principes incertains.

Le temps qui a bien pu être guerrier à une époque, moine à une autre, qui peut-être aujourd'hui serait industriel s'il pouvait l'être sans un développement agricole, le temps doit se faire *agriculteur*.

Et il faut qu'il le devienne, parce que l'agriculture ne paraissant fleurir que lorsque le commerce et l'industrie semblent florissants, il découle de ce fait l'impossibilité de jeter les fondements d'un équilibre durable entre les différentes branches de l'industrie.

De là, des crises commerciales et industrielles qui se renouvellent quasi périodiquement chez nous!....

Et il le faut, parce que l'agriculture

fournit non seulement à l'homme l'alimentation qui lui est nécessaire, mais encore emploie à ses différents travaux les deux tiers de la population;

Et il le faut, parce que la population des campagnes émigre tous les ans dans les villes et va, à son insu, accroître la misère d'autres travailleurs;

Et il le faut enfin, pour que toutes les lois, tous les règlements soient conçus et interprétés dans le sens le plus favorable à la production, moyen infaillible d'assurer un grand développement agricole dont la première conséquence sera un nouveau développement industriel, et moyen infaillible, par conséquent, d'assurer la richesse générale.

G.....

fournit non seulement à l'homme l'alimentation qui lui est nécessaire, mais encore emploie à [illegible] les deux tiers de la population;

Et il le fait, parce que la population des campagnes émigre tous les ans dans les villes et va, à son insu, accroître la misère d'autres travailleurs.

Et il le faut enfin, pour que toutes les lois, tous les règlements soient conçus et interprétés dans le sens le plus favorable à la production, moyen infaillible d'assurer un grand développement agricole dont la première conséquence sera un nouveau développement industriel, et moyen infaillible, par conséquent, d'assurer la richesse générale.

G.....

AUX ENFANTS DES ÉCOLES PRIMAIRES.

Mes jeunes amis, savoir ce qu'on doit éviter, c'est presque savoir ce qu'on doit faire, et connaître les règles qui régissent l'art agricole, c'est rompre avec la routine, c'est entrer dans la voie des améliorations. Par ces motifs, je vous dédie cette grammaire agricole, car l'agriculture a ses *règles* tout aussi bien que notre langue, tout aussi bien que les sciences, les arts, les lettres, etc., etc.

Et fasse le ciel que la connaissance de ces règles puisse vous faciliter les moyens de découvrir les trésors sans nombre que la terre recèle dans ses flancs.

Pour vous l'offrir, j'ai puisé autant que possible à cette source qu'on nomme l'*expérience*, et, toujours dans votre intérêt, je n'ai pas craint de mettre à contribution nos meilleurs auteurs, notamment M. Mathieu de Dombasle.

G.....

PREMIÈRE LEÇON.

—

L'agriculture a pour but de mettre la terre dans l'état le plus convenable à la production des récoltes.

Cet état le voici.

Ameublissement suffisant des terrains, labourage aussi profond que la couche végétale peut le permettre, disposition des billons, raies et fossés facilitant l'écoulement des eaux.

Cependant ces conditions ne suffisent pas toujours pour assurer de bonnes récoltes :

1° Le manque d'humus ; 2° l'état insoluble et acide de cette matière ; 3° le manque d'humidité ; 4° une humidité trop constante sont de grands obstacles à une bonne végétation.

Heureusement pour le cultivateur, que le raisonnement et la science lui ont indiqué le remède presque aussitôt qu'il a vu le mal.

Ainsi, dans le premier cas, par exemple, la jachère et le fumier sont deux moyens dont on ne saurait contester l'efficacité.

Dans le deuxième, la chaux, la marne et autres amendements hâtant la décomposition des substances minérales et végétales qui peuvent se rencontrer dans le sol, sont employées avec succès.

Dans le troisième, la mise en pâturage pour des bêtes à laine ou bien la mise en bois et surtout en arbres verts, sont souvent les seuls moyens d'utiliser des sols presque arides.

Dans le quatrième, enfin, *drainer* est le plus souvent une opération nécessaire et devant laquelle un cultivateur habile ne reculera jamais, non-seulement parce que son effet sur le sol est prompt, mais encore parce que d'une eau nuisible, tant qu'elle stationne à la surface du terrain, elle donne une eau d'une valeur incontestable, pour quiconque sait se servir d'un volume d'eau qu'on trouve tout à coup à sa disposition.

Mais afin de bien combiner tous ses moyens d'action et d'assurer aux différents travaux qu'exige une bonne culture, une exécution convenable, la connaissance du sol et du sous-sol peut être utile à l'agriculteur.

Le sol est toujours formé de la décomposition de roches, dont les espèces, variant à l'infini, forment autant de sols qu'il y a de variétés de roches; et ces différents sols sont plus ou moins profonds, selon qu'ils sont plus ou moins entremêlés de débris végétaux et minéraux qui, par leur décomposition, forment l'*humus*. Ainsi, la composition d'un sol doit ordinairement se juger par la composition géognostique des montagnes environnantes.

Le sous-sol a sur la végétation une influence moins marquée que le sol; cependant cette influence est trop directe sur quelques récoltes pour n'en pas faire mention : il est ordinairement de la même nature que la couche supérieure ; mais, étant le plus souvent exempt de toute influence atmosphérique, il est bien rare qu'il en ait les propriétés. Amené à la surface, il est souvent un obstacle à une bonne végétation.

Aussi ne doit-on procéder à cette opération (excellente du reste), que par degrés.

Cependant, il arrive quelquefois que des terrains de même nature doivent être traités d'une manière différente, et ceci par rapport à leur pente et à leur direction.

En sorte que la fertilité du sol tient

souvent à sa situation et qu'une exposition devient bonne ou mauvaise, selon que le plus ou moins de chaleur peut plus ou moins favoriser le développement des plantes, dont les unes préfèrent souvent un degré de température que ne demandent nullement les autres.

En effet, il y aurait contre-sens à donner à la vigne une exposition *nord* et aux châtaigniers une exposition *midi*, et ce serait ordinairement sottise d'exiger d'un terrain fortement en pente, les mêmes cultures que d'un terrain en plaine.

D'après cela, on peut voir que toutes les plantes ne sont pas également appropriées à tous les sols et ne réussissent pas également sous tous les climats.

Ceci nous indique encore que si les plantes soutirent de la terre une grande partie de leur alimentation, elles puisent cependant dans l'atmosphère des principes de vie.

Ces diverses observations ont même

donné lieu à celle-ci : que plus les feuilles des plantes étaient larges, moins elles épuisaient le sol.

On a également remarqué que les plantes n'épuisaient, pour ainsi dire, pas le sol *pendant un certain temps*, mais ce phénomène ne se produit que pour celles qu'on arrête au milieu de leur végétation, comme la plupart des plantes fourragères, ou encore comme celles qu'on enfouit en vert; aussi cette remarque n'a-t-elle qu'une valeur secondaire, quoiqu'il soit bon de la mentionner.

Thèse générale : Une récolte est d'autant plus épuisante qu'elle est plus productive, parce que dans la deuxième période de son existence, la plante soutire de la terre beaucoup plus de sucs nourriciers qu'elle ne l'avait encore fait en raison du développement de son fruit qui devient partie absorbante.

Mais comme les plantes ont, les unes, des racines traçantes et les autres des racines pivotantes, il s'ensuit que les premières n'épuisent que la superficie, et les deuxièmes une couche inférieure ; ou plutôt chaque plante, de quelque nature qu'elle soit, tire plus ou moins abondamment du terrain les sucs qui lui sont propres, et abandonne, sans privation aucune, ceux convenant plus particulièrement aux plantes d'une nature différente.

Cette théorie nous amène à parler de la science des assolements, science difficile, parce que tout doit se plier aux modifications que peuvent indiquer la nature et le hasard ; de là cette définition que *l'agriculture est l'art de tirer de la terre les plus grands produits avec le moins de dépenses possibles*. C'est qu'il faut toujours montrer à l'homme un bénéfice, parce que l'énergie de nos efforts est proportionnée à l'importance du salaire que nous avons en perspective. Ce qui revient à dire que l'agriculture n'est point une combinaison précise et invariable qu'on doive appliquer à toute les localités, mais, au contraire, qu'elle doit être raisonnée et que l'agriculteur doit reconnaître les circonstances spéciales sous l'influence desquelles il est appelé à travailler.

DEUXIÈME LEÇON.

—

Nous touchons à un point essentiel de l'agriculture, parce que c'est lui qui constitue l'augmentation de production sans détérioration du terrain, parce que c'est lui qui nous enseigne l'effet de chaque récolte sur le sol, et que seul il peut établir ce bon ordre de succession que nous nommons *assolement*.

L'assolement est donc une continuelle alternation entre plusieurs espèces de produits, et cette continuelle alternation a non-seulement pour objet d'entretenir la terre en bon état, mais encore elle fournit à l'agriculture le moyen de se suffire.

Mais, afin que la culture d'assolement se suffise, elle doit produire en abondance des récoltes destinées aux bestiaux.

Les plantes fourragères sont donc le pivot de tout bon assolement, et entre elles se distingue le trèfle, qui fournit un excellent fourrage, tant à l'état sec qu'à l'état vert, et dont la culture est assez économique.

Cependant, comme dans tout assolement la culture des plantes fourragères doit être combinée avec celle des récoltes sarclées qui, dans une exploitation bien entendue, servent le plus souvent à l'alimentation du bétail; on peut dire que le meilleur assolement est celui qui donne moitié paille moitié foin.

Ces simples données laissent déjà percevoir que les assolements peuvent différer entre eux; en effet, plus un sol sera pauvre et léger, plus on devra recourir souvent aux engrais, et plus l'assolement devra être court.

Ainsi, pour la plupart des sols légers, l'assolement de quatre ans est peut-être celui qui peut offrir le plus d'avantages; celui de cinq ans semble assez convenir aux terres d'une consistance moyenne, et ceux de six, sept et même huit années, paraissent avoir trouvé leur place dans les terrains argileux. Je ne citerai donc pas les assolements les plus vantés, car en prôner un aux dépens des autres, serait chose funeste : ce serait entretenir l'erreur. Je dirai seulement : les circonstances seules font les bons systèmes de culture ou les bons assolements ; de sorte qu'ils peuvent non seulement varier à l'infini, mais encore ils peuvent, dans certaines circonstances, pécher contre certaines règles de l'art (1). C'est pourquoi

(1) Cependant je signalerai l'assollement triennal comme étant la négation de tous les principes,

l'agriculteur doit toujours avoir égard aux ressources et aux difficultés qu'offrent et son art et sa position sociale.

Cependant, les principes généraux qu'on doit suivre dans un assolement ayant été indiqués, je crois utile et même nécessaire de les placer ici.

Ils se bornent aux suivants :

1° On doit intercaler les récoltes de manière à entretenir le sol dans le meilleur état de fertilité possible ;

2° Les récoltes sarclées doivent revenir assez souvent pour maintenir la terre bien nette de plantes nuisibles ;

3° Le fumier doit toujours être appliqué à la récolte sarclée, parce que les cultures qu'elle reçoit détruisent les mauvaises herbes dont le fumier a apporté la se-

et comme engendrant et devant toujours engendrer, dans un laps de temps plus ou moins éloigné, la misère et le découragement là où il est suivi dans toute sa pureté.

mence, et dont il favorise le développement ;

4° Cette récolte doit recevoir souvent des cultures fréquentes à la houe à la main ou à la houe à cheval, de manière qu'il n'y vienne pas une seule mauvaise herbe à graine ;

5° On doit, autant que possible, éloigner les récoltes du même genre ; on ne peut que rarement, en particulier, placer deux années de suite deux récoltes céréales ;

6° Le trèfle, le sainfoin, la luzerne, et, en général, les plantes fourragères, destinées à être fauchées ou *pâturées*, doivent toujours se placer dans la récolte céréale qui suit immédiatement une jachère ou une récolte sarclée et fumée ;

7° On doit faire choix, pour l'assolement d'un terrain, des plantes qui conviennent le mieux à la nature du sol, et elles doivent être placées dans un ordre convenable, afin que les cultures préparatoires, que chacune d'elles exige, puissent se donner avec facilité ;

8° L'assolement qu'on adopte doit fournir assez de fourrages pour nourrir un nombre de bestiaux suffisant pour fournir la quantité d'engrais que l'assolement lui-même exige ; on peut cependant s'écarter de cette règle, lorsqu'on a d'autres ressources pour la nourriture des bestiaux, dans les prairies naturelles, par exemple ;

9° Le meilleur assolement est celui qui donne le produit net de frais le plus considérable ; car, en définitive, le profit doit toujours être le but de l'agriculteur. Mais, il faut qu'un bon assolement donne non seulement ce produit sans épuiser le sol, mais, au contraire, en le maintenant en état constant d'amélioration.

A ces principes généraux, j'en ajouterai un dixième : c'est qu'on ne doit jamais perdre de vue qu'un hectare de terrain doit nourrir, au moins, une tête de gros bétail.

Mais, objectera-t-on, vous êtes convenu que la culture d'assolement repose sur la création de prairies artificielles. Comment ferons-nous dans les localités où nous ne pourrons établir ces prairies que sur quelques parcelles de terrain?

Puisque tous les sols ne conviennent pas à toutes les plantes, et que toutes les plantes ne peuvent végéter sous tous les climats, nous devons chercher celles qui conviennent et au sol et au climat et les y multiplier. Si donc, nous ne pouvons établir de belles luzernières, de belles prairies en trèfle, en reygrass, etc., établissons simplement des pâturages. Et, pour entretenir le pâturage bon, il faut avoir le soin d'y faire revenir les bêtes souvent et régulièrement, car l'herbe prend des habitudes qu'il faut entretenir, elle poussera promptement de petites tiges bonnes à la dent; mais, abandonnées pour avoir un fourrage plus abondant, ces petites tiges durciront sans s'élever et le betail n'y touchera pas. On voit donc qu'avec des pâturages on augmente aussi le nombre de ses troupeaux, et, en les augmentant, on augmente la masse de ses fumiers, on multiplie ses produits.

En effet, les circonstances seules font les bons assolements, et, pour en avoir un bon, il faut s'attacher à la culture des plantes, également appropriées au sol et à l'espèce de bétail qui doit être cultivé.

Nous reconnaîtrons cette espèce de bétail au moyen d'une comptabilité régulière et bien entendue, qui nous indiquera toujours quels sont les articles du train qui offrent le plus de pertes ou le plus de bénéfices.

Ajoutons que tous les terrains — de quelque nature qu'ils soient — en montagne ou en plaine, pauvres ou riches, sont susceptibles d'une culture *raisonnée,* parce que la culture raisonnée n'est point une imitation servile, c'est-à-dire une application précise et invariable qu'on doive appliquer partout.

Le flanc des terrains sans consistance ou celui des terrains en montagne, ne devra être que rarement déchiré par la charrue, car les produits de ces terrains étant ordinairement minimes, ne compensent que rarement les frais de culture.

Des semis de bois, des pâturages pour les bêtes à laine conviendront généralement dans ces sortes de terrains, non seulement parce que le genre de culture le plus *économique* est ordinairement le mieux approprié aux sols pauvres, mais encore parce qu'on pourra porter avec plus de facilité tous ses moyens d'action sur les parties de ces sols qui semblent le mieux convenir à la charrue et en doubler aisément les produits.

TROISIÈME LEÇON.

—

Nous avons bien vu que la nature favorisait une continuelle alternation entre plusieurs espèces de produits ; mais cela seul ne suffit point pour maintenir la terre dans un état constant d'amélioration ou, si on veut, de bonne production.

En effet, chaque récolte lui enlève une partie de ses substances nutritives, et il faut de toute nécessité les lui rendre, autrement les plantes s'élèveraient tristes et chétives, et donneraient de mauvais produits.

Or, les sucs qui nourrissent les plantes sont des substances soit végétales, soit animales, réduites à l'état soluble. Pour nous, ces sucs sont les engrais.

Les engrais sont donc l'âme de toute agriculture, et il est de la plus haute importance de ne rien négliger pour en avoir une plus grande quantité. Bien nourrir son bétail et recueillir tous ses fumiers en un seul tas, sans s'inquiéter si une partie provient de la marcarrerie ou de la porcherie, et sans laisser courir çà et là, et par conséquent se perdre, à quelques pas de distance, les sucs qui peuvent s'en échapper, est d'ordinaire un moyen économique et bon, surtout pour les localités éloignées des villes (1).

Mais l'art de faire des engrais, ou plutôt la science des engrais, est une connaissance généralement négligée, pour ne pas dire généralement inconnue.

Car non seulement il faut savoir augmenter ses engrais, mais encore il faut savoir s'en servir, c'est-à-dire connaître le résultat de chacun sur chaque plante, ainsi que leurs différentes valeurs nutritives :

(1) Des fosses à purin peuvent, dans certains cas, rendre des services incalculables.

(Note de l'Auteur.)

1° Le fumier avec chiffons, ou le compost de chiffons de laine, est de tous les engrais le plus puissant et le meilleur. Des expériences qu'on peut regarder comme certaines, ont démontré que deux voitures de compost de cette nature, équivalaient à peu près à *dix* voitures de fumier ordinaire ;

2° La matière fécale a sur les plantes un effet aussi direct ; mais ses effets sur le sol le sont moins. On a remarqué qu'elle agissait plus puissamment qu'aucune autre sur le colza ;

3° La fiente de volaille paraît convenir essentiellement à l'oignon ; cependant si on pouvait la recueillir en grande quantité, on devrait s'en servir comme de la colombine;

4° Le guano provenant de la fiente d'oiseaux marins, et dont on fait un très-grand commerce a, sur toutes les plantes, un effet très direct. On l'emploie d'ordinaire sur les céréales ; son prix est assez élevé, et on en n'a pas toujours du véritable; comme tous les engrais en poudre, il ne dure guère qu'une année. Un bon moyen d'employer le guano est celui-ci : demi-fumure d'engrais animal; et au printemps demi-fumure de guano (ou environ 2 hectolitres par hectare), répandue sur le blé et enterrée à la herse. Ce mode paraît au reste convenir à la plupart des engrais en poudre;

5° Les os pilés forment également un excellent engrais. Cette substance, composée en grande partie de graisse et de gélatine, est employée en Angleterre avec le plus grand succès; ses effets sont des plus marqués sur le maïs et le rutabaga.

6° Les tourteaux d'huile, comme engrais, agissent principalement sur les céréales; leur place paraît être marquée dans les terres saines et de moyenne consistance; mais afin que les effets d'une semblable fumure se fassent bien sentir, il n'en faut pas moins de mille kilogrammes par hectare. Les touraillons ou germes d'orge, les rognures de cuir, etc., produisent aussi sur les céréales les plus heureux résultats.

On pourrait peut-être en dire autant du noir animal, engrais qui a été fort vanté, mais dont il faut se servir avec ménagement, c'est-à-dire qu'il faut alterner avec d'autres engrais. On l'emploie dans la proportion de 5 à 6 hectolitres par hectare ; on a même été jusqu'à 15 hectolitres, mais ses effets n'ont pas été plus énergiques. Sa place paraît marquée dans les terrains de bruyère, où il assure ordinairement une bonne récolte céréale sur un seul labour. On s'en sert aussi pour l'amendement des prés, mais ses bons résultats ne sauraient que rarement couvrir les frais qu'il occasionne ainsi répandu, parce qu'il est fort cher et que son action ne dure qu'une année. La proportion à employer est alors de 15 à 18 hectolitres par hectare.

Les sciures de bois, surtout celles de

chêne, employées fraîches comme engrais, sont pour ainsi dire un poison pour les plantes à cause du tanin qu'elles contiennent; mais lorsque le principe astringent est décomposé par la fermentation, les sciures produisent un très-bon effet. Il en est de même des marcs de raisin.

Parquer est encore un moyen de bonne fumure.

C'est un moyen qui n'offre un avantage réel que dans le cas de disette de fumier ou dans celui, non moins grave, de ne pouvoir en conduire, vu l'éloignement des terres, la pente des terrains, etc., enfin toutes les fois que les charrois sont difficiles ou que la paille se vend un haut prix. Pour prolonger son action, comme celui de tout engrais léger, il est bon de faire sur parcage, du blé, sur lequel on sème du trèfle. Cette dernière récolte se ressentira encore des bons effets du parcage, et plus le trèfle sera beau, plus le blé qui lui succédera le sera aussi.

Il est une infinité d'autres engrais dont

nous ne ferons pas mention, parce qu'on ne sait au juste qu'elle quantité de ces engrais peut produire les mêmes effets que telle quantité de fumier ; ou encore parce qu'ils sont le plus souvent les produits du charlatanisme, et qu'il faut se tenir en garde contre leurs effets, qui, d'abord, paraissent tenir du merveilleux ; car ils agissent presque toujours, plutôt comme stimulant que comme engrais. Enfin, parce que leur préparation ou leur acquisition devient le plus souvent onéreuse, soit par le haut prix soit par le peu de durée de ces mêmes engrais. Les circonstances seules peuvent donc indiquer quand on doit et quand on peut s'en servir.

QUATRIÈME LEÇON.

—

Nous sommes amenés aujourd'hui à parler des plantes qui laissent plus au sol qu'elles ne lui enlèvent; des trèfles, par exemple, de la plupart des prairies artificielles et encore de celles qu'on cultive afin de s'en servir comme engrais : tels sont les lupins, le sarrasin, etc., etc.

Ces plantes qui, pour la plupart, ne fournissent qu'une demi-fumure, ne peuvent guère être considérées que comme des engrais, dont le principal mérite est de permettre à l'agriculteur d'attendre le moment où doit revenir le fumier dans l'assolement. Et on concevra toute l'importance d'une telle fumure, quand on songera qu'il est souvent l'unique moyen d'empêcher qu'on ne détourne le fumier de la place qui lui était d'abord destinée, et qu'en conséquence c'est l'unique moyen d'entretenir la concordance dans les rouages de la machine, sans quoi il n'y aurait que confusion.

De tous ces engrais qu'on nomme engrais verts, le lupin tient, sans contredit le haut rang ; malheureusement il craint les moindres gelées, ce qui rend sa réussite chanceuse ; son effet, comme beaucoup d'engrais de cette nature, est, dans quelques circonstances, peu marqué la première année.

Le sarrasin enfoui en vert, quoique bien inférieur au lupin, n'en est pas moins un excellent engrais. Si ses bons résultats paraissent être révoqués en doute par quelques personnes, c'est que sa décomposition est plus ou moins lente, suivant la nature du terrain, et plus sa fermentation s'opère lentement, moins il agit promptement sur les plantes. Autant que possible, il faut l'enfouir au moins quinze jours avant les semailles : il y a avantage à faire habituellement du seigle sur un sarrazin, ou tout au plus du méteil (seigle et froment). Le moment de la floraison est l'époque la plus convenable pour enfouir les engrais verts.

Je ne dirai qu'un mot en ce moment, des pois, des vesces, etc., etc., parce qu'on ne s'en sert comme engrais, que quand ces plantes offrent la certitude d'une mauvaise récolte. Dans ce cas seulement, il est avantageux de les retourner en terre, et on peut compter sur un beau blé.

Retourné en terre, le trèfle est une excellente préparation pour le froment. Son action est plus efficace et plus durable que celui des meilleurs engrais verts, le lupin excepté ; il aime les sols argileux auxquels il convient parfaitement.

En sacrifiant la deuxième coupe du trèfle et en y joignant une demi-fumure d'engrais animal, on pourra ordinairement compter sur une bonne récolte de colza.

Nous dirons peu de choses des luzernières, des sainfoins et de toutes ces prairies artificielles qui durent nombre d'années. Après elles, le terrain est amélioré ; il ne s'agit plus que de ne pas lui laisser perdre ce qu'il a gagné.

Nous ferons cependant observer qu'à une prairie artificielle, composée en totalité ou presque totalité de légumineuses, devra toujours succéder le blé (froment).

Si, au contraire, il y a eu dans les semis mélange de plantes et que les graminées l'emportent par le grand nombre, il vaudra peut-être mieux donner la préférence à l'avoine.

La pente seule de notre sujet va nous pousser à vous entretenir des *amendements*, et nous ne saurions le faire avec plus d'à-propos, puisqu'on leur conserve encore le nom d'*engrais stimulants*.

Cependant, les amendements ne donnent rien au sol, mais hâtent seulement la décomposition des substances soit végétales soit animales qui s'y rencontrent et fournissent, de cette manière, aux plantes, une nourriture que, sans les amendements, ces mêmes plantes auraient vainement cherchée.

En première ligne se trouve la chaux

qui convient à tous les terrains ne renfermant pas déjà un principe calcaire. Elle donne de l'adhérence aux diverses parties d'un sol qui en a besoin par le fait de son absorption de l'humidité atmosphérique et facilite en outre la division des diverses parties qui constituent un sol argileux. Elle n'agit avec une véritable efficacité que sur les terrains qui n'offrent pas une humidité constante ; mieux que tout autre amendement, elle convient dans des sols argileux ou bien dans ceux assainis par le drainage.

La quantité à employer est en raison de la nature des terres. Lorsqu'elles sont d'une consistance moyenne, cent vingt à cent cinquante hectolitres par hectare, me semble une moyenne raisonnable. Je ne voudrais pourtant pas qu'on acceptât ce mode d'opérer d'une manière trop absolue, parce qu'à cet égard les données varient à l'infini et qu'on en répand depuis cinquante hectolitres jusqu'à trois cents hectolitres ; en Angleterre on a même été jusqu'à quatre cents hectolitres par hectare (1).

Beaucoup de procédés sont en usage pour l'emploi de la chaux. Le plus usité est de la placer d'abord en petit tas, de la couvrir assez légèrement de terre. Puis, lorsque par l'absorption de l'humidité atmosphérique, elle est délitée ou à peu près réduite en poussière, on la mêle à la terre qui la recouvre. Ensuite, on la répand, le plus également possible, sur toute la surface du champ, et enfin on l'enterre par un léger labour.

Comme la chaux, la marne exerce, tant sur le sol que sur les plantes, la plus heureuse influence. Sa durée est de douze à quatorze ans, selon sa richesse, c'est-à-dire selon les principes calcaires qu'elle

(1) En général, plus le terrain sur lequel on place la chaux sera léger moins il en faudra, et plus il sera argileux ou tourbeux, plus la dose devra être forte.

(Note de l'Auteur.)

renferme, selon les terrains sur lesquels elle est appelée à agir et aussi selon la quantité qu'on emploie.

Elle est plus commune qu'on ne le croit généralement, aussi fera-t-on bien de faire des fouilles dans toutes les localités qui ne reposent pas sur *un sol graniti-que,* afin de s'assurer s'il n'en existe pas. On la rencontre souvent sous des nuances différentes; quelquefois aussi elle est argileuse, d'autres fois elle est sèche, c'est-à-dire paraissant sablonneuse.

Quoiqu'il n'en faille pas moins de deux cents à deux cent cinquante mètres cubes par hectare, il y aura rarement désavantage à marner un champ, plutôt qu'à le chauler; parce qu'un marnage dure plus longtemps qu'un chaulage; parce qu'il apporte, outre un principe calcaire, une quantité de terres qui, employées seules, produiraient déjà un certain résultat surtout dans les terrains légers et sablonneux; parce que le prix de la chaux ayant une tendance marquée à la hausse, il est bon de ne pas se faire concurrence et d'user d'une ressource inappréciable et qu'on a souvent sous la main.

En somme, la marne convient autant que la chaux, dont elle a une partie des propriétés, dans les localités où la propriété est peu divisée et où, par conséquent, les bras et les capitaux manquent pour avoir une culture aussi perfectionnée que là où elle est morcellée.

Il sera toujours avantageux de faire une récolte fourragère (un trèfle, par exemple), sur la première céréale qui sera placée dans un champ soit marné, soit chaulé et fumé.

Les cendres donnent également une grande force de végétation; elles sont très avantageuses aux récoltes céréales et particulièrement au sarrasin.

Répandues dans les *prés*, elles y produisent, ainsi que la suie, de bons résultats.

Rien ne favorise autant le développement des plantes légumineuses que le plâtre. C'est au moment où la végétation s'est déjà fait sentir, qu'il est bon, voire même utile, d'en saupoudrer les trèfles, les luzernes, les sainfoins, etc., etc.

Il en faut de cinq à six cents livres par hectare.

Néanmoins ses effets sont à peu près nuls sur les terrains fortement chaulés ou marnés.

Nous aurions bien quelques mots à dire sur les composts et sur les mélanges de terre, mais ces opérations doivent toujours être subordonnées au plus ou moins de facilité que fournissent à cet égard les localités.

Je ne finirai cependant point sans dire un mot de l'écobuage des terres qui, sous plusieurs rapports, peut être considéré comme un amendement. Cette opération consiste à enlever par tranches la superficie du sol et à en faire un petit tas qu'on fait brûler ou réduire en cendres.

L'écobuage convient aux sols argileux depuis longtemps incultes et aux sols tourbeux.

Je rappelerai en terminant cette leçon, que la plupart des amendements (notamment la chaux et la marne), ne peuvent se suffire, et qu'ainsi il faut, de toute nécessité, leur faire broyer des engrais.

CINQUIÈME LEÇON.

—

Un des principes généraux qu'on doit suivre dans un assolement, nous a appris qu'on devrait intercaler les récoltes de manière à entretenir le sol dans le meilleur état de fertilité possible, c'est-à-dire qu'on devait éloigner les plantes de même genre, pour leur en faire succéder d'autres d'un genre différent. Si je parais revenir sur un fait acquis pour nous, c'est qu'il est bon d'établir quelque terme de comparaison entre les diverses récoltes qu'on peut cultiver, comme encore d'apprendre quelles sont celles qui, par leur culture, sont une préparation pour les récoltes suivantes.

Et d'abord, toutes les plantes qui occupent peu de temps le sol, ou celles qui, par les différents travaux qu'elles exigent, permettent et l'ameublissement du sol et la destruction des mauvaises herbes, deviennent, pour la plupart, une préparation aux récoltes suivantes.

C'est pourquoi le colza, plante assez épuisante et très productive, assure mieux que tout autre la réussite du froment. Il est vrai qu'enlevé de bonne heure, il laisse à la terre une demi-jachère, et l'on sait que la jachère est, de toutes les préparations, la meilleure possible. Aussi, quoique la culture alterne tende à la faire disparaître, nous dirons avec Schwertz : « La jachère appartient à ces choses sacrées dont il ne faut point faire abus ;

mais qu'il ne faut point négliger. Elle est confortante pour un sol faible, et moyen de guérison pour un sol épuisé; appliquée à propos, elle peut donner à la machine entière une nouvelle existence. Le premier labour d'une jachère doit toujours être le plus profond. »

Mais j'ai hâte de revenir au colza.

Aucune plante ne réussit mieux que lui après un défrichement de bois, c'est ce qui fait que, dans les terrains de cette nature, on pourrait établir deux ou trois rotations où on le ferait revenir tous les quatre ans.

Son rendement en huile est d'environ trente-cinq kilogrammes pour cent kilogrammes de graine. Ses tourteaux, quoique bien inférieurs à ceux de lin, sont très-estimés pour l'engraissement des ruminants, comme ceux de navette, et contrairement à ceux de noix, ils poussent la graisse en dedans.

Parlant des tourteaux de navette, je suis

amené à dire que, dans la plupart des cas, ce que j'ai dit du colza peut s'appliquer à cette plante, et c'est sans doute pour cette raison que, dans une exploitation, on ne cultive guère l'une exclusivement aux dépens de l'autre.

Cependant, dans les sols riches, le colza aura toujours sur elle le grand avantage de produire plus; il a, en outre, celui de pouvoir être repiqué. Dans le cas où l'une de ces plantes viendrait à manquer, on pourrait la remplacer par de la cameline, à laquelle on doit donner la préférence sur toutes les autres plantes à huile du printemps, parce qu'aucun insecte ne l'attaque; malheureusement elle se sème au printemps, et un développement a souvent lieu dans des circonstances défavorables. Après la cameline, le froment réussit assez bien.

Il est cependant une plante qui peut se succéder durant un temps illimité : c'est le chanvre. Je ne chercherai pas à démontrer si sa culture est réellement avantageuse, je dirai seulement aux personnes qui le cultivent :

Vous ferez bien de faire comme en Alsace, c'est-à-dire mettre à part les pieds que vous destinez à produire de la graine, ce qui se fait en jetant un peu de semence dans des récoltes sarclées, comme maïs, haricots, féverolles, etc. ; de cette manière, vous pourrez arracher le chanvre femelle aussitôt que le chanvre mâle, et vous aurez de bien plus belles graines et une filasse plus fine et de meilleure qualité que par les moyens assez ordinairement employés.

En opposition au chanvre, le pois est de toutes les plantes la plus antipathique à elle-même, aussi les jardiniers de Paris et des environs ne craignent-ils pas de payer double une terre, qui n'en a pas porté depuis une dizaine d'années. Cette récolte est généralement considérée comme une préparation à la récolte suivante.

Les vesces sont également pour le blé une excellente préparation, et même on peut compter, après elles, sur un beau colza avec une demi-fumure d'engrais animal. Ce fourrage est des plus estimés et convient essentiellement aux vaches laitières. Comparées au trèfle, les vesces ont le désavantage d'offrir, outre un prix de semence plus élevé, celui de ne donner qu'une coupe et d'exiger des cultures particulières. Mais, à leur tour, elles ont l'avantage d'occuper moins longtemps le terrain et de permettre ainsi le choix de la récolte à venir, comme aussi d'en assurer la réussite par une meilleure préparation. Ensuite, on ne place guère des vesces que dans la jachère ou dans des circonstances qui rendraient bien chanceuses la réussite de leur rival.

Elles peuvent rendre trois à quatre mille kilogrammes à l'hectare.

Si je m'arrête un instant aux lentilles, c'est qu'elles offrent, comme les pois et les vesces, un fait très bizarre et qu'on ne saurait expliquer en théorie ; c'est qu'elles sont d'autant moins épuisantes qu'elles sont plus productives ! Ainsi, on est à peu près certain d'avoir une belle récolte de froment ; après une bonne récolte soit de pois, soit de vesces, soit de lentilles ; mais on gagnera infiniment plus à enfouir ces plantes qu'à les conserver si elles ne présentent qu'une demi récolte.

Considérées sous le rapport du fourrage, les lentilles en forment un tellement puissant, qu'il est prudent de le mélanger à une autre de moindre qualité pour le donner aux bestiaux ; rarement on les cultive dans le but de les faire manger, parce que non seulement elles ne s'élèvent qu'à une très petite hauteur (18 à 20 centimètres), et ne donnent qu'une récolte peu abondante qui, comparée à celle des vesces, n'en est guère que le quart, mais encore parce que leur graine est très-recherchée et se vend parfaitement.

Quoique bien inférieur en nutrition aux vesces et surtout aux lentilles, le trèfle commun n'en occupe pas moins le premier rang dans un assolement. Sa culture est peu coûteuse et il est une excellente préparation à la récolte qui doit lui succéder.

Sa durée est d'une année pendant laquelle il donne ordinairement plusieurs coupes. Il pourrait sans doute durer davantage, mais il s'enherberait, et d'ailleurs, plus il occuperait de temps le terrain, plus on devrait apporter d'intervalle à le faire revenir. Il n'aime guère à se succéder que tous les quatre ou cinq ans, encore serait-ce le faire revenir trop souvent dans les terrains argileux, que de le faire revenir tous les quatre ans.

Cependant il n'exclut point les plantes de la même famille que lui, car on pourrait sans inconvénient, cultiver dans l'espace désigné, la lupuline qui n'offre un prix réel que comme plante à pâturer.

Il est indispensable de chauler ou marner les terres qu'on destine à porter du trèfle.

Les plantes qui durent nombre d'années, telles que les sainfoins, les luzernes, etc., ne sont pas précisément plantes d'assolement; malgré cela elles ne doivent pas être négligées, car, sous le rapport du produit et de la qualité, elles sont supérieures au trèfle, qui déjà, sous ces deux rapports, est l'égal des prairies naturelles. On peut cependant lui reprocher de manquer de ce stimulant qui donne de la vigueur aux chevaux, ce qui fait que les rouliers lui préfèrent le foin de bonne qualité.

Les maïs, les féverolles, etc., sont aussi une assez bonne préparation au froment ou au seigle. On peut en dire autant des pommes de terre, betteraves, etc., sur lesquelles on peut semer immédiatement, après l'arrachage, sans autre préparation qu'un coup de herse ou d'extirpateur, pour enterrer la semence (1). Mais comme la récolte de ces plantes est souvent tardive et s'effectue souvent par le mauvais temps, il peut devenir avantageux (suivant les circonstances et suivant les localités) de leur faire succéder avoine ou orge.

Au reste, voici un petit tableau de rendement de diverses récoltes, d'après une base donnée, qui pourra servir à l'agriculteur, lorsqu'il jugera convenable d'abandonner une récolte pour une autre, ou encore d'en sacrifier une pour une plus productive.

Une terre qui, en froment, rend à l'hectare, ci. 15 hectol.,
pourra rendre en épautre. . . . . . 20 —
— en avoine . . . . . . 25 —
— en sarrazin. . . . . . 30 —

(1) Il demeure, bien entendu, qu'afin d'opérer ainsi, il est nécessaire que ces plantes aient reçu assez de binage pour être exemptes de mauvaises herbes au moment de leur arrachage.

(Note de l'Auteur.)

pourra rendre en colza (d'automne).		16 hectol.,
—	en navette (id.) . .	15 —
—	en seigle.	16 —
—	en pommes de terre.	25,000 lit.
—	en betteraves	35,000 lit.

Ajoutons, en terminant, que les facultés épuisantes des céréales peuvent, selon beaucoup d'agronomes, être rangées dans l'ordre suivant :

Blé, épautre, seigle, orge, avoine.

Il existe cependant encore des opinions différentes.

SIXIÈME LEÇON.

En terminant la leçon précédente, nous avons encore été amenés à reconnaître que « beaucoup et bien nourrir » comme disaient les anciens, était l'indice d'une amélioration constante dans une exploitation agricole. Or, comme une amélioration est toujours un acheminement normal et certain à d'autres améliorations et qu'une augmentation de bien-être peut ressortir d'une augmentation de bétail, occupons-nous des soins qu'on doit lui donner, de l'amélioration à introduire dans les différentes races sur lesquelles on est appelé à agir, et occupons-nous des croisements.

Rien au monde ne demande une plus grande aptitude de la part du cultivateur.

C'est qu'il ne s'agit pas d'aller chercher à grands frais des animaux pour les transporter dans une localité qui ne leur offre pas des avantages aussi réels que ceux offerts par le sol sur lequel on les a pris. Ces avantages se trouvent surtout dans l'acclimatation et dans la bonne nourriture qu'ils y trouvaient. En effet, pour songer à changer sa race par une plus parfaite, il faut y être préparé. Or, cette préparation consiste dans l'introduction des prairies artificielles et des plantes fourragères, et, par conséquent, dans la substitution de l'agriculture raisonnée à l'agriculture routinière.

C'est qu'une expérience faite à la légère ou sans discernement a son recours contre la bourse de celui qui l'entreprend, et fournit un argument à ceux qui prétendent qu'on ne doit pas viser à augmenter la taille de ses bestiaux, sous prétexte qu'on peut les déformer ou qu'on peut nuire à leur bonne constitution.

Or, ce raisonnement, bon là où l'agriculture reste stationnaire, est d'un crétin ou d'un impie, appliqué dans un sens général, parce que c'est la négation de tous progrès. J'en dirai autant de ceux qui s'abritent sous cet autre raisonnement : « Que la ration d'entretien étant en raison du poids de l'animal, il devient inutile d'en augmenter la taille. »

Sans doute, la ration d'entretien est en raison du poids de l'animal (en tant qu'il s'agit de bêtes de même race, quoique de volume différent); mais un bœuf de douze cents livres, ne mangera pas autant que deux bœufs du poids de six cents livres chacun ; en outre, la somme du travail qu'on retirera d'un joug de bœufs sera toujours plus considérable et moins onéreux relativement que celle tirée d'un attelage de quatre bêtes ou de deux jougs.

Et ce que je viens de dire de la race bovine s'applique en partie à la race ovine, car la proportion de laine que produit un bélier ou une brebis est toujours en raison de son poids. Les moutons donnent cependant un peu plus de laine que les brebis.

Les soins à donner au bétail sont :

1° Dans une nourriture abondante et substantielle ;

2° Dans un état constant de propreté, car si l'étrille équivaut au quart de la ration du cheval, on en pourrait dire autant du bœuf;

3° Dans la douceur et les bons procédés dont il doit être l'objet.

Peu de contrées tirent du bétail tout

le produit possible, parce que peu de contrées donnent au bétail tout le soin qu'il réclame.

De là encore déception dans les croisements et mécomptes dans l'importation de races plus remarquables sous le rapport des formes et du volume.

En effet, les animaux provenant d'une petite race, croisés avec une autre de forte taille, sont, d'ordinaire, disproportionnés, peu robustes et peu propres à la vente, parce qu'ils sont généralement durs à l'engrais.

Il faut donc que l'agriculteur, chez qui tout doit être raisonné, soit amené à dire: « Tous les sujets d'une race petite et chétive ne sont pas appelés, sans doute, à concourir pour former une race supérieure à l'ancienne, mais en prenant les types les moins mauvais et en leur procurant toute l'année une nourriture plus abondante et de moins mauvaise qualité, je devrais tirer des croisements un bon parti, parce que la race à améliorer s'éloignera déjà moins par la taille, voire même par les formes de la race améliorante. » Aussi, dirai-je que le premier soin de l'homme qui veut se livrer à quelques améliorations en ce genre, devra être de rechercher, avant toutes choses, à se créer une race dans la propre race sur laquelle il veut agir.

Cependant, comme dans l'amélioration à introduire dans l'éducation du bétail, l'agriculteur a souvent un but distinct de celui de son voisin à poursuivre, c'est donc à atteindre ce but que doivent tendre tous ses efforts. Or, veut-on récolter un lait gras et abondant ou s'attacher à la longueur et à la finesse de la laine, il faudra bien chercher à propager et à fixer les qualités des individus les plus remarquables en ce genre, sans s'inquiéter s'ils s'éloignent plus ou moins par leur conformation de la conformation d'individus reconnus réellement beaux.

C'est qu'en agriculture comme en industrie, je n'admettrai jamais un résultat négatif. L'âge d'un étalon chez les bêtes à corne, doit être de dix-huit mois à cinq ans; plus vieux il offre l'inconvénient d'être trop lourd et trop grand pour les vaches. En outre, il se déforme et devient souvent méchant.

On me pardonnera de ne pas indiquer ici l'époque la plus convenable pour la saillie ou pour la monte, quoique les élèves issus dans les mois de janvier, février et mars soient ceux auxquels l'éleveur donne la préférence.

En effet, l'intérêt de l'agriculteur le pousse souvent à avoir toute l'année des vaches fraîches de lait, soit qu'il trouve moyen de le vendre, soit qu'il engraisse des veaux qu'il livre ensuite à la boucherie.

Nous voilà donc dans l'obligation de répéter ce que nous avons déjà dit : « Que l'agriculture n'est nullement une combinaison précise et invariable qu'on doive appliquer en toute circonstance, ce qui revient à dire qu'il n'y a rien d'absolu, et qu'ainsi tout doit être raisonné. »

Comme corollaire de ce qui précède, ou plutôt comme complément, je tire d'un mémoire de M. Malingié Nouel, directeur de la ferme école de la Charmoise (Loir-et-Cher), sur les bêtes à laine, quelques principes parfaitement formulés et dont j'ai pu constater la justesse.

« De deux races croisées, dit cet agriculteur, dans le but d'obtenir un produit mixte ou métis, celle qui est d'origine plus ancienne, laisse une plus forte empreinte sur le produit que celle qui est d'origine plus récente.

» D'où il suit, que plus l'une des races est ancienne par rapport à l'autre, plus l'empreinte est forte.

» D'où il suit encore que l'empreinte est directement proportionnelle à l'ancienneté relative de deux races pures croisées l'une avec l'autre.

» Cette loi donne lieu à une autre conclusion également vraie dans la pratique.

» Lorsqu'on veut améliorer une race par une autre, la race à améliorer représente la résistance de la première, et la race améliorante l'impulsion. Mais la résistance de la première étant en raison directe de la pureté et de l'ancienneté de son origine, il s'ensuit que, pour diminuer la résistance, il faut détruire la pureté et l'ancienneté de la race à améliorer, pour donner à la race améliorante toute sa plénitude d'action.

C'est qu'il est d'observation que la race à améliorer étant, dans la plupart des cas, une race indigène, et la race améliorante une race étrangère, la résistance de la première est rendue plus tenace par une cause autre que l'ancienneté d'origine et qui, quoique secondaire, n'en a pas moins sa part d'influence. Cette ténacité de résistance provient de ce que les animaux à améliorer, qui sont acclimatés de tout temps à leur pays, n'éprouvent, dans leur manière d'être, aucun changement qui les puisse affaiblir, tandis que les animaux améliorants nouvellement importés, ont à lutter contre les effets du transport et de l'acclimatation.

Encore un mot, et je termine.

Les formes extérieures des animaux domestiques ont été bien étudiées, et les proportions bien déterminées ; mais on n'a peut-être pas encore suffisamment compris que les formes extérieures ne sont qu'un indice de la structure intérieure, et, qu'en conséquence, les principes de l'amélioration doivent être fondés sur la connaissance de la structure et des usages des organes intérieurs.

Je ne crois pouvoir mieux faire qu'en donnant quelques extraits du remarquable traité de Pline, sur la forme des animaux relativement à leur amélioration, traduit par M. Huzard fils.

« Les poumons sont de la plus haute importance; de leur ampleur et de leur

état parfait de santé dépend principalement la bonne constitution de l'animal; la faculté de convertir la nourriture est en proportion de leur ampleur. » . . . .
. . . .

DE LA POITRINE.

L'ampleur des poumons est déterminée extérieurement par la forme et la hauteur de la poitrine. Sa forme doit être celle d'un cône horizontal, dont le sommet est antérieur et situé entre les pointes des épaules et dont la base est vers les lombes et la pointe du sternum ou vers l'abdomen. Sa capacité dépend de sa forme plus que de l'étendue de sa circonférence.

DU PELVIS.

Le pelvis, ou la cavité pelvienne, est cette cavité formée par l'assemblage des os des hanches et de la croupe. Il faut que cette cavité soit grande dans la femelle pour qu'elle puisse mettre bas avec peu de difficultés.

« L'ampleur de cette cavité est indiquée par l'écartement des hanches, par celui des ischions ou des pointes des fesses, par l'écartement qu'on remarque entre les extrémités à leur partie supérieure. La largeur des reins est toujours en proportion de celle de la poitrine et du pelois. »

DE LA TÊTE.

La tête doit être petite : cette condition la rend naissance facile; la petitesse de cette partie apporte d'autres avantages, et indique généralement une bonne race. .

. . . .

DES MUSCLES.

Les muscles et les tendons qui en dépendent doivent être larges, afin que l'animal puisse marcher avec une plus grande facilité.

DES OS.

La force d'un animal ne dépend pas de la grosseur des os, mais de celle des muscles. Beaucoup d'animaux à os volumineux sont faibles, parceque leurs muscles sont petits. Des animaux mal nourris pendant leur croissance ont les os disproportionnellement gros. Ici l'auteur se livre à un long examen de l'amélioration des formes par les croisements; mais, quelque talent qu'il déploie, nous ne le suivrons point sur ce terrain, nous en référant à ce que nous avons dit à ce sujet.

Le résumé de ces citations est : 1° que la constitution des animaux est en rapport avec la nourriture et le climat du pays, et quoique l'économie animale soit facile à se plier aux changements de climats et même de nourriture, ceci ne saurait s'obtenir tout à coup; 2° qu'on ne doit pas s'attacher précisément à élever la taille des animaux, mais qu'on doit viser à l'étoffer, c'est-à-dire à la développer, autant que possible, en largeur et en profondeur, autrement on pourrait faire d'une race passable, une race mauvaise dans les fornies, moins rustique et plus sujette aux maladies ; et que les formes extérieures des animaux indiquant une bonne race et par conséquent une bonne santé en général, sont : d'avoir la tête petite, le corps en forme de tonneau, la poitrine bien ouverte, l'épine dorsale bien horizontale, les jambes peu élevées, le ventre un peu abattu, la croupe large, les fesses et les cuisses fortes et bien développées. Il faut encore que la peau de l'animal produise dans les doigts l'effet d'un drap fait de laines fines.

Je n'ai rien à dire du cheval, parce que les qualités qu'on recherche dans cet animal sont si bien connues, et il s'est bien réussi à se placer lui-même sous la protection du riche ; que l'amélioration [illegible] duelle de nos chevaux [illegible], [illegible] faire donne aujourd'hui pour personne.

SEPTIÈME LEÇON.

On se rappelle, sans doute, qu'un des principes généraux connus est : qu'on doit nourrir au moins une tête de gros bétail par hectare.

Nous voilà dès-lors dans la nécessité de nous occuper sérieusement des soins qu'on doit donner au bétail.

En effet, les exploitations qui se distinguent par la quantité et la qualité de leurs bestiaux, offrent toutes un bénéfice.

Beaucoup de mécomptes sont venus de ce que beaucoup d'agriculteurs ne se sont pas assez vite aperçus que le rendement, résultant des ventes de bestiaux, est toujours très considérable, et peut être porté à quinze pour cent lorsqu'on s'attache à l'espèce la plus appropriée au sol.

L'élevage, comme l'engraissement,

comme la vente du lait, comme l'établissement d'une laiterie, peut donc, selon les circonstances, devenir une excellente spéculation.

Maintenant, doit-on nourrir à l'étable, doit-on nourrir aux champs ? Rien ne l'indique d'une manière absolue, quoique la stabulation soit un des buts auxquels l'agriculteur qui entre résolument dans la voie des améliorations, paraisse ordinairement viser.

Pour l'espèce bovine, la nourriture au paturage commence au printemps et finit, pour ainsi dire, avec l'automne ; cependant, il sera toujours désavantageux de mettre le bétail au pacage, lorsqu'on le nourrit ainsi l'été, avant le moment où l'herbe est déjà assez grande pour qu'il puisse bien s'y nourrir.

Il serait bon aussi qu'on eût toujours de l'herbe fraîche à faire pâturer à son son jeune bétail, ce qui revient à dire qu'il faudrait le changer assez souvent de pâturage, pour que l'herbe pût repousser dans les parties pâturées pendant qu'il paît dans un autre lieu. Ce serait encore un moyen d'éviter qu'il ne s'ennuyât et cherchât à courir.

Le faire coucher dehors n'est pas une mauvaise pratique tant que les nuits ne sont pas trop fraîches, mais aussitôt que les gelées blanches se font sentir, on doit le faire coucher à l'écurie et lui donner matin et soir un peu de fourrage sec.

On ne devra jamais envoyer pêle-mêle, les mâles avec les femelles, une fois que ces animaux auront atteint seulement l'âge de six à sept mois;

Quant aux vaches et aux bœufs de travail, il est plus avantageux de les nourrir à l'étable :

Parce que le bétail reçoit une nourriture plus régulière;

Parce qu'au moyen de cette nourriture et de soins réglés, il est toujours dans un parfait état d'entretien;

Parce que les heures d'attelées peuvent être plus aisément appropriées aux saisons;

Parce que la stabulation fait gagner une *grande quantité de fumier.*

Cependant, comme on ne fait pas toujours ce qu'on veut et qu'une pénurie de fourrages met toujours le nourrisseur à l'étable dans un grand embarras, la nourriture au moyen du pâturage peut, dans certains cas, être sa seule ressource.

L'alimentation doit être répartie de manière que les animaux ne reçoivent pas un jour *trop* et un autre jour *trop peu;* il faut aussi observer une certaine régularité quant aux heures de distribution des aliments et donner la ration d'un repas en plusieurs portions.

Dans la saison des neiges, une simple ration d'entretien pour les bœufs de travail et les vaches qui ne donnent pas de lait devient suffisante, car il ne s'agit alors que de leur donner juste de quoi les rassasier, mais aussitôt qu'on peut tirer parti de ces animaux, on devra leur donner une nourriture plus substantielle et plus abondante.

Dans la saison d'été on ne doit faire provision de fourrages que pour la journée.

A toutes les époques de l'année, le bétail aura une bonne litière, et, en cas de disette de paille, on devra, soir et matin, enlever avec soin les excréments de l'étable.

Les bêtes de traits ne seront jamais surmenées, et on ne leur imposera que des travaux en rapport avec leurs forces.

Autant que possible, on ne mettra sous le même joug que des animaux du même âge et de la même force.

Quant à savoir s'il faut préférer le collier au joug, les chevaux aux bœufs, je dirai qu'on doit agir, à cet égard, comme on agit dans les localités où le hasard et les circonstances nous ont placés.

Cependant, comme les chevaux donnent une somme de travail plus grande que les bœufs, ils ont sur ceux-ci la préférence dans les contrées où le loyer des terres et le salaire des valets de ferme sont élevés, mais comme ces contrées se livrent ordinairement au commerce des chevaux, ce fait seul explique cette préférence; quoique le bœuf soit d'un prix inférieur, demande moins de soins, fasse plus de fumier et que la fin en soit meilleure, puisque son engraissement offre un genre de spéculation utile à celui qui s'y livre, et plus utile encore à la nourriture de l'homme. Cependant, dans une exploitation bien entendue, on devra toujours avoir un ou deux attelages de chevaux, soit pour les charrois, soit pour les sarclages.

Me voilà amené à dire deux mots de la race ovine qui, comme la race bovine, fait partie des ruminants.

Une humidité constante lui est tout à fait contraire, et des troupeaux entiers peuvent disparaître dans l'espace d'une ou de deux années par suite de maladies contagieuses, si les contrées ne lui sont pas propices.

Selon les localités, c'est-à-dire selon la nature et aussi selon l'étendue des pâturages dont on dispose, on pourra décider s'il y a plus d'avantage à se livrer à l'élève par la tenue des brebis, qu'à se borner à acheter des moutons afin de les revendre plus tard.

Pour se livrer à l'élève des bêtes à laine, il faut :

1° Avoir des pâturages sains et étendus, parce que ces animaux craignent, pardessus tout, d'avoir les pieds dans l'eau : les terrains montagneux et granitiques leur conviennent tout particulièrement ;

2° Avoir des bergeries bien aérées.

Un bon berger promènera lentement, mais sans interruption, son troupeau auquel il évitera avec soin ces pluies fines et continuelles qui ont souvent lieu sur la fin de l'automne ou au commencement du printemps.

Au moment de l'agnelage, on devra redoubler de soins pour les brebis et faire tout son possible pour leur fournir des fourrages verts à cette époque; soit, par exemple, un champ de seigle ou de pimprenelle.

On devra encore séparer les brebis qui auront mis bas de celles qui n'auront pas mis bas, et les agneaux recevront chaque jour du son de froment jusqu'à ce qu'on puisse les faire pâturer dans les pâturages qui leur auront été réservés.

A une nourriture abondante, ne devra jamais succéder une nourriture par trop parcimonieuse, ce qui arrive souvent en hiver.

Des transitions trop brusques en ce genre peuvent engendrer des maladies souvent suivies de mort, ce qui a fait dire qu'un mouton ne faisait jamais deux graisses.

Une livre et demie de foin ou l'équivalent, peut servir pour la ration d'entretien de dix kilogrammes, chair brute.

Les moutons sont recherchés de préférence dans les terres fortes ou encore dans les terrains ordinairement humides, ou bien dans ceux où la culture a fait de grands progrès. L'engraissement se fait alors soit en hiver, soit en été; dans l'hiver, en leur donnant le meilleur foin, des racines saupoudrées de farine, des tourteaux d'huile et même de l'avoine; en été, en les parquant dans de gras pâturages.

Dois-je vous entretenir actuellement de la race porcine?

A quoi bon, puisqu'on a pu remarquer que tout le monde connaît parfaitement les soins à apporter aux porcs lorsqu'ils se vendent bien.

Cependant, les écuries de cochons devront toujours être pavées ou planchéyées et on devra donner à ces animaux, chaque matin, en été, des farineux dans leur boisson avant de les envoyer pâturer sur les trèfles consacrés à cet usage, si on veut éviter des maladies mortelles du genre de la maladie du sang ou de la mame.

HUITIÈME LEÇON.

Après nous être occupés des soins que réclame le bétail, nous sommes conduits, par un enchaînement logique, à nous occuper un instant des prairies naturelles et des moyens les plus propres à leur irrigation.

Dans les sols pauvres et qui ont peu de valeur, les prés sont d'une si grande ressource, que, lors même qu'ils seraient d'une qualité secondaire et d'une pousse médiocre, je ne conseillerais pas de les défricher pour les convertir en terre arable. Mon amour pour eux (amour raisonné cependant) s'étend si loin, que j'engagerais non seulement à apporter tous les soins nécessaires à leur amélioration, mais encore à en établir dans ces sortes de terrains, partout où il serait possible de le faire sans de trop fortes dépenses. Dans ce cas, on devrait faire choix de graines diverses et mélangées, car on aurait toujours un meilleur produit que si on n'employait qu'une seule espèce de graines. L'époque la plus convenable à leur amélioration est l'automne.

Il serait bon aussi, quand on crée une prairie, qu'on sût à l'avance si elle sera fauchée ou pâturée, car, destinée à être mangée, elle pourrait produire avec avantage des plantes dont la croissance arrive à diverses époques ; tandis que destinée à être fauchée, il n'en serait pas de même, puisque les plantes dont la maturité est hâtive, seraient sèches et dures au moment de la fauchaison.

Dans les bons sols, où le terrain, par conséquent, a une grande valeur, on retirera, presque toujours, un produit plus considérable d'un pré mis en culture que d'un pré permanent. Je serais donc ici de l'avis d'habiles cultivateurs qui pensent qu'on ne doit laisser subsister un pré qu'autant qu'il est susceptible d'être irrigué.

Je n'hésiterai cependant pas à avouer que, si je possédais un pré de bonne qualité, donnant seulement quatre mille livres de foin par hectare, je ne le romprais certainement pas.

Avant de rompre un pré (lors même qu'il ne serait pas susceptible d'une bonne irrigation) il faut bien consulter son rapport.

Un fait qui est assez bizarre et qui mérite d'être constaté, est qu'il serait très désavantageux de consacrer alternativement une prairie au pâturage et au fauchage.

Il paraît constant que l'herbe prend une habitude qu'il ne faut pas chercher à contrarier, autrement, d'un bon pré, on peut arriver à ne faire qu'un pâturage de deuxième ordre, et d'un bon pâturage un mauvais pré.

Lorsqu'on veut faire un pré dans un sol humide, il faut avoir soin de bien assainir son terrain, le cultiver avec soin trois ou quatre années et semer sur la céréale qui suit la récolte sarclée.

Mais le pré établi, il faut le maintenir en état constant de production, et là commence l'art des irrigations.

Cet art, ou plutôt cette science, est encore dans l'enfance dans la plupart de nos départements, et, cependant, de toutes les améliorations par le moyen desquelles on peut augmenter d'une manière durable les produits du sol, il n'y en a peut-être aucune plus importante que l'irrigation.

Malgré la lenteur qu'elle met à se propager, je me trouve néanmoins, en face de plusieurs systèmes, chacun voulant avoir le sien.

On dit et on écrit tant.

Auquel donnerons-nous la préférence? à aucun , parce qu'aucun n'est applicable à toutes les irrigations et qu'elles peuvent différer selon la nature des lieux, la nature du sol, et le plus ou moins d'eau qu'on a à sa disposition.

Je m'en tiendrai donc, comme je l'ai fait jusqu'ici, aux principes généraux.

Je dirai avec tous ceux qui ont écrit sur la matière, que l'irrigateur doit être maître absolu de son eau. Il faut qu'il puisse à volonté inonder sa prairie et en retirer l'eau avec la même facilité et la même promptitude, comme aussi il devra la conduire sur la partie de son terrain qu'il jugera convenable, et la faire rentrer sitôt que bon lui semblera dans les lits que l'irrigation lui aura assignés. Pour cela, il faudra toujours connaître le point lo plus élevé de son terrain et le point le plus bas.

Les terrains trop plats offrent souvent de très-grandes difficultés dans l'irrigation, parce qu'il faut pour ainsi dire créer des pentes.

Dans ce cas on emploie les moyens d'assainissement les plus convenables. On est même parfois obligé d'y creuser des réservoirs, de larges fossés qui reçoivent l'eau surabondante, et, comme la terre hausse le niveau du sol, on se rend ainsi maître de l'eau, et le moyen d'agiter cette eau sur toute la surface à heure dite, devient alors praticable.

C'est qu'on ne doit jamais perdre de vue qu'il est aussi important de procurer aux eaux un écoulement facile et prompt que de les conduire sur le terrain ; c'est que, sans la précaution d'empêcher la stagnation de l'eau, on peut faire plus de mal que de bien en l'amenant sur le sol.

Dans la conduite des eaux pour l'irrigation, on doit avoir toujours pour principe de ménager, autant que possible, la pente, en maintenant toujours l'eau à la plus grande hauteur que l'on peut. Pour cela, on ne donne à tous les canaux dans lesquels on la fait circuler, que la pente nécessaire pour la faire arriver au but, c'est là que se rencontre la plus grande difficulté pour l'homme qui n'a pas une longue habitude de ces opérations. On doit aussi ménager l'eau, autant que possible, en n'en employant chaque fois que la quantité nécessaire pour baigner, mais abondamment, la partie de terrain où on la verse.

Ordinairement l'eau qui, après avoir été fournie par une rigolle d'irrigation, a arrosé une certaine étendue du terrain situé au-dessous de cette rigolle, est recueillie dans une autre qui sert elle-même de rigolle d'irrigation pour le terrain situé au-dessous d'elle, et ainsi de suite jusqu'à ce que l'eau soit arrivée au point le plus bas de la prairie ; dans cette disposition, que l'on nomme irrigation à reprise d'eau et qui convient spécialement aux terrains qui ont de la pente, chaque rigolle d'irrigation sert de rigolle de dessèchement pour le terrain situé au-dessus d'elle.

D'autrefois les rigolles de dessèchement forment un système particulier et indépendant des rigolles d'irrigation; elles doivent alors être disposées de manière à réunir toutes les eaux des rigolles d'irrigation qui leur correspondent aussitôt qu'elles ont produit leur effet, et surtout de manière qu'il ne puisse jamais séjourner d'eau stagnante dans aucune partie de la prairie.

La distance qu'on doit laisser entre les rigolles, dans les divers systèmes d'irrigation, dépend de la nature du sol ainsi que de la pente du terrain. Les rigolles doivent être assez rapprochées pour que l'eau, répandue à la surface du sol, soit toujours recueillie dans une nouvelle rigolle avant qu'elle ait pu se répandre inégalement sur la surface.

NEUVIÈME LEÇON.

Comme une bonne nourriture est une des conditions essentielles dans les soins à donner au bétail, et comme les racines font partie d'une bonne alimentation, leur place se trouve marquée ici, aussi m'en occuperai-je quoique d'une manière très-succinte.

On peut les classer, tant pour la nutrition que pour la conservation, dans l'ordre suivant :

Betteraves, pommes de terre, carottes, rutabagas, turneps et navets.

Les turneps et les navets sont de beaucoup inférieurs aux autres racines, néanmoins elles conviennent parfaitement aux moutons à l'engrais.

Arrachées de bonne heure, ces plantes sont une excellente préparation pour le blé ; et si elles ont été bien fumées (principalement les betteraves), le froment sera, dans la plupart des cas, aussi beau qu'après un trèfle rompu.

C'est d'ordinaire dans la céréale qui suit la récolte des racines, qu'on sème le trèfle et les autres plantes à fourrage ; et si le terrain n'est pas encore bien amendé, on fera bien, pour mieux en assurer la récolte, de semer ces plantes dans une céréale de printemps.

Prenons un exemple :

Blé, betteraves et pommes de terre, etc., (bien fumés); avoine et orge ; trèfle, etc.

On peut, sans inconvénient et sans diminution de travail, faire entrer les racines pour en quart dans la nourriture journalière des animaux. On pourrait même les y faire entrer dans une plus grande proportion, les pommes de terre exceptées, à moins qu'elles ne soient cuites. Dans ce cas rien ne s'oppose à ce qu'on en donne une plus grande quantité, mais elles poussent davantage à la graisse et conviennent moins aux vaches laitières. Les racines sont on ne peut plus avantageuses pour les animaux à l'engrais, et avec elles l'engraissement de moutons de taille ordinaire, bien conduit, doit être complet en six ou sept semaines au plus.

Si les moutons étaient de grosse taille, telle que la race wurtembergeoise, qui pèse jusqu'à 80 livres chair nette, la ration journalière devrait être portée au double, et pendant la durée de cet engraissement, chaque mouton produiraeit nviron en fumier 500 livres.

Des animaux nourris à l'étable avec du fourrage vert, donneront toujours le double du fumier que nourris avec du fourrage sec. Mais si les racines entrent dans la ration journalière pour un tiers ou pour moitié, ne fut-ce que pour un quart, la différence est infiniment moins forte.

Ici, qu'on me permette un exposé à fond de train qui sera le complément de tout ce qui précède.

Au début on ne fait pas ce qu'on veut mais ce qu'on peut. Il faut donc qu'un assolement soit combiné de manière à ce qu'il conserve un certain degré de souplesse qui permette de le plier aux modifications que peuvent indiquer la nature et le hasard des circonstances ; le choix d'un bon assolement ne suffit pas seul, si les autres rouages de la machine ne sont pas bien organisés. C'est qu'il faut entre, concordance et harmonie.

Avant toutes choses il faut un capital ! cent à cent cinquante francs par hectare suffiront dans la plupart des cas ; et si c'est la famille qui cultive, on pourra baisser de beaucoup ce chiffre.

L'esprit d'ordre est aussi chose indispensable à l'agriculteur, non seulement parce qu'il doit pouvoir se rendre compte de tout, afin de commander et de diriger avec autorité, mais encore parce que des fautes légères en apparence ou ou inappréciables au premier coup-d'œil, répétées souvent, peuvent absorber partie ou totalité des bénéfices et engendrer le découragement qui d'ordinaire mène à la ruine.

L'introduction d'instruments aratoires *perfectionnés* ne saurait non plus être révoquée en doute, parce qu'ils sont à l'agriculture ce que sont les machines à l'industrie, parce qu'ils exécutent avec plus d'économie ou plus de perfection les principales opérations des terres (1).

Quant aux céréales, plantes très productives mais très épuisantes, et qui,

(1) Les instruments indispensables dans une ferme sont : la charrue, la herse et l'extirpateur, ainsi que la houe à cheval quand on se livre en grand à la culture des plantes racines.

(Note de l'Auteur.)

dans l'agriculture raisonnée, doivent toujours assez donner de paille pour litière, quelle que soit la proportion de fourrages artificiels dans l'assolement, nous dirons que nos deux principales céréales (le seigle et le froment), veulent un terrain bien préparé. Le premier demande à être semé de bonne heure sur un labour vieux de quelques semaines, et le deuxième sur un labour frais.

Comme fourrage, le seigle en produit un très-bon pour les bêtes à laine. Ainsi que la pimprenelle, il pousse, pour ainsi dire sous la neige, de sorte qu'il peut devenir avantageux d'en conserver tous les ans une certaine quantité pour les brebis qui agnèlent.

S'il est quelquefois préférable de remplacer le seigle ou le froment par une céréale de printemps, telle que l'orge ou l'avoine, dans des terrains qui viennent de donner une récolte sarclée, comme betteraves, pommes de terre, etc. C'est que l'arrachage de ces plantes étant assez souvent tardif, s'effectue par le mauvais temps.

L'orge semble assez exigeante et sur le choix et sur la préparation du terrain ; il n'en est pas de même de l'avoine, qui peut réussir sur un simple d'échaumage, mais qui ne réussirait pas toujours là où réussit le seigle, parce qu'elle craint davantage la sécheresse.

Nous terminons... mais j'entends qu'on me demande s'il ne conviendrait pas de semer en lignes.

Cette opération étant plus longue et plus coûteuse, je n'en vois l'utilité que pour les plantes qui reçoivent de fréquentes cultures à la houe à cheval ou à la houe à la main, et, encore, pour les pépinières, parce qu'en écartant les lignes, le plant grossit plus vite et le binage est plus facile. Ceci nous amène naturellement à poser cette deuxième question.

N'y aurait-il pas d'inconvénient à transporter dans un mauvais terrain un sujet venu dans une pépinière dont le terrain serait très-riche?

Il vaut bien mieux que le terrain de pépinière soit très-riche, parce que l'élève a beaucoup plus de racines et de fibres alimentaires qu'un autre venu dans un mauvais terrain : il aura donc plus de chances de réussites.

Faisons donc toujours nos pépinières, tant pour les arbres que pour les légumes, tels que betteraves, colza, etc., sur un terrrain aussi riche que possible; seulement il faudra que le plant soit toujours d'une certaine grosseur quand on le repiquera dans un terrain sablonneux ou sujet à la sécheresse.

Nous terminons maintenant par ces mots :

Les sols légers, sablonneux ou granitiques, sont d'une amélioration et d'une culture faciles; les pommes de terre et les betteraves sont, parmi les plantes sarclées, celles qui réunissent le plus de chance de succès dans ces sortes de terrains ainsi que les carottes et les raves. Ces dernières se font ordinairement en récoltes dérobées, c'est-à-dire dans un terrain qui porte une autre récolte, comme le maïs, par exemple.

On les fait aussi en donnant un léger labour à une terre qui vient de donner une récolte de froment. Le millet et le sarrazin préfèrent aussi les sols légers aux sols argileux.

Après le sarrasin on peut enterrer le seigle ou le froment qui lui succède, au moyen d'un simple coup d'extirpateur. Il faut pour cela que le sarrasin ait été bien fourni partout, autrement il y aurait des places enherbées où la réussite des céréales précitées serait bien incertaine.

Les terrains forts ou argileux offrent plus de difficultés dans leur amélioration et dans leur culture ; partant de là, chaque façon donnée à la terre est plus coûteuse. Néanmoins ce sont eux qui d'ordinaire donnent les meilleures récoltes de froment. L'avoine y réussit aussi parfaitement ainsi que les plantes fourragères du genre de celles-ci : trèfle rouge, ray-grass, vesces, fèves, etc., etc., mais les *plantes-racines* ne conviennent qu'imparfaitement à ces terrains. En revanche, les végétaux qu'on repique, comme le colza, par exemple, leur conviennent assez bien, en ce sens que ces plantes donnent de grandes facilités pour la préparation du terrain.

Certaines plantes paraissent préférer un sol calcaire à un autre. Le sainfoin et la luzerne, parmi les plantes fourragères, se trouvent bien dans les terres de cette nature ; mais au moyen de l'amélioration des terrains, la plupart des végétaux destinés au bétail et ceux destinés à la vente comme : le froment, le seigle, le maïs, l'orge, l'avoine, le colza, la navette, les pois, les lentilles, etc., etc., peuvent entrer avec profit dans un assolement régulier, dont les terres sont soumises à une culture soignée et par conséquent *raisonnée*, quels que soient le genre et la nature de ces mêmes terres.

Seulement, on ne devra jamais perdre de vue que, dans un bon assolement, on doit faire succéder les plantes améliorantes à celles qui sont épuisantes, de manière à conserver le sol dans un bon état de fertilité, et arriver ainsi à la suppression de la jachère. Mais l'application de ce principe est subordonnée à la quantité d'engrais dont on peut disposer; car ce n'est pas tout de faire une chose bonne en elle-même; il faut encore bien la faire pour réussir.

DIXIÈME LEÇON.

Mes jeunes amis, après vous avoir entretenu des règles qui régissent l'art agricole, je vais vous entretenir un instant du labourage. Les labourages sont d'une haute importance en agriculture, aussi faut-il qu'ils soient toujours bien exécutés et qu'ils soient donnés en *temps* et *saison* convenables. Et comme il n'y a pas ici une règle unique à observer, parce que la différence des terres amène parfois des différences dans la manière de les traiter, disons que le but du labourage est de préparer la terre à recevoir des récoltes, et que pour les lui confier, elle doit être (comme nous l'avons déjà dit), dans le meilleur état possible, c'est-à-dire meuble et nette de mauvaises herbes.

La charrue sera toujours une charrue améliorée, et la profondeur des labours, quoique pouvant varier, parce qu'elle dépend de la nature du sol et du résultat qu'on voudra atteindre, devra être, dans la plupart des cas, de 15 à 18 centimètres. Labourer en planches décèle ordinairement une culture assez soignée. Dans les terres légères et dans celles de moyenne consistance, l'arraire offrira sur les autres charrues l'avantage d'exiger une force moindre de tirage, mais les charrues à avant-train conviennent mieux dans les sols pierreux et dans ceux qui sont très-argileux, parce que la charrue a besoin alors d'être fortement assujettie pour ne pas être quelquefois jetée hors de la raie.

Les labours d'hiver présentent le moyen le plus efficace d'obtenir le sol dans un parfait état d'ameublissement pour les diverses emblavaisons du printemps.

Et à ce sujet je vais, d'une manière très-sommaire, indiquer les différents travaux à exécuter chaque mois. Ce sera une compilation du *Calendrier du Bon Cultivateur*, ouvrage que tout agriculteur devrait avoir chez lui, et qui n'a pour vous, enfants, que le tort d'être trop cher et trop volumineux.

En janvier, on continue les labourages commencés en décembre et même en novembre.

Autant que possible il faut labourer par un beau temps et lorsque la terre est bien ressuyée. Ce dernier précepte s'applique principalement aux terres sur lesquelles l'action de la gelée exerce peu d'action.

C'est encore le moment des battages, de l'entretien des chemins et des clôtures, et celui de faire faire les défrichements de bois et de broussailles si on en a à faire.

En février, continuation des labourages, semence du pavot sur un labour d'automne et dans un sol riche et profond quoique léger. Comme *toutes les graines qui sont fines*, la semence sera légèrement recouverte de terre.

On pourra semer les féverolles, à moins que le temps ne force d'en remettre la semaille au mois de mars. Les terres fortes ou argileuses sont celles où cette plante réussit le mieux. Les féverolles exigent plusieurs sarclages et binages à la main ou à la houe à cheval. Ce dernier procédé est économique mais moins parfait que celui qui s'exécute à la houe à la main. Si le temps le permet, on peut commencer à semer l'avoine.

Il sera bon de faire en ce mois un ou deux carrés de pommes de terre afin d'en avoir deuxième quinzaine de juin.

On devra apporter en ce mois la surveillance la plus exacte pour que rien ne gêne la circulation des eaux dans les sillons d'écoulement faits à cet effet, et les rigolles des prés qui n'auraient pas été curées, le seront au plus tard dans ce mois.

Voilà mars, redouble d'activité bonhomme,

Ici, mes amis, permettez-moi une courte mais utile observation :

Dans la nomenclature des plantes que je vais faire, et à coup sûr je ne les nommerai pas toutes, il en est beaucoup dont la culture est généralement adoptée et d'autres dont la culture est plus circonscrite ; il en existe même d'autres dont la culture est restreinte à quelques cantons ou localités. On fera bien de continuer à cultiver ces plantes, là où elles offrent un profit réel, mais il ne faudra jamais les importer chez soi à la légère. C'est donc le cas de répéter, ce que nous avons déjà dit, qu'il ne suffit point, pour cultiver une plante, de la réussite de cette plante dans le terrain qui la reçoit ; mais il faut qu'elle donne un bénéfice proportionné à l'épuisement du sol, à la dépense qu'elle occasionne et aux soins qu'elle réclame.

Actuellement arrivons au mois de mars.

On sème le blé de printemps qui doit être placé comme le serait le blé d'automne ; c'est-à-dire qu'il ne devra pas, autant que possible, succéder à une céréale. Une bonne préparation du sol lui est nécessaire.

C'est également l'époque la plus commune des semailles d'avoine. Elle n'est point difficile sur la préparation du terrain ; mais si on désire semer dans l'avoine une plante fourragère, elle sera semée sur un sol bien préparé et par conséquent bien ameublie.

C'est encore l'époque de semer le trèfle, le ray-grass, la lupuline, la luzerne, le sainfoin ou esparcette, en un mot la plupart des plantes fourragères.

Le trèfle commun se sème tout aussi bien sur une céréale d'automne, si le terrain a été bien préparé, et est à peu près exempt de mauvaises herbes, que sur une céréale de printemps. Un simple coup de herse suffit pour enterrer sa semence qui est de vingt-cinq à trente livres de graine par hectare.

Le trèfle blanc se sème dans une récolte de printemps. Il se sème rarement seul ; mais qu'on le destine à être fauché ou à être pâturé, on lui associe avec succès une ou plusieurs graminées..., le ray-grass par exemple.

La lupuline, ou minette dorée, aime un sol calcaire ou reposant sur un sous-sol marneux. Dans les sols pauvres, elle n'est bonne qu'à être pâturée, et dans les sols riches, elle peut être fauchée. Son rendement équivaut alors à moitié environ du rendement du trèfle commun.

La luzerne est tout à la fois et la plus productive et la plus exigeante des plantes sur le choix du terrain. On ne doit donc la placer que dans un sol fortement amendé, car sa durée (huit à douze ans), est en raison de la richesse du terrain sur lequel on la place et en raison du sous-sol qui devra toujours être de bonne nature et perméable. Elle se sème sur une céréale de printemps. Un hersage énergique sera pratiqué chaque année en mars sur les luzernières.

Le sainfoin demande un sol calcaire et sa graine veut être enterrée plus profondément que celle du trèfle et de la luzerne. On prétend qu'il en faut de quatre à cinq hectolitres par hectare.

Les vesces se sèment à raison de cent cinquante litres environ par hectare, auxquels on ajoute à peu près cinquante litres d'avoine. Elles se sèment sur un labour d'hiver au moyen d'un hersage, ou mieux encore d'un coup d'extirpateur.

Les carottes, les panais, les betteraves, se sèment aussi en mars ; ainsi que les semis de choux et de rutabagas en pépinière. Ces plantes exigent à peu près les mêmes soins et les mêmes travaux.

Le sol destiné à porter l'une de ces plantes devra être bien meuble et *elles devront être semées en ligne.*

Les pois, les lentilles, la chicorée, se sèment encore en mars, mais on ne les sème sur une certaine étendue que dans quelques cantons. J'en dirai à peu près autant du lin qui ne réussit que sur un sol très-riche et très-meuble et qu'on ne sème ordinairement qu'en avril. La moutarde noire, le pastel, la garance, plantes tinctoriales, veulent un sol riche, profond et bien fumé.

La pimprenelle est une plante de pré qui réussit cependant dans les sols de médiocre qualité. Dans ce cas elle devient plante à pâturer et convient particulièrement aux bêtes à laine.

C'est encore le moment de planter les pommes de terre et les topinambours, de *semer les graines de pré dans une céréale de printemps*, de plâtrer les trèfles, sainfoins et luzernes, d'étendre les taupinières dans les prés et de herser les blés.

Si mars est le mois des semailles du printemps, avril est le mois des sarclages et des binages.

On sème cependant dans ce mois l'orge et le maïs, la moutarde blanche, la cameline, le madia-satira, etc., etc., ainsi que les plantes à fourrage qui n'ont pu être semées en mars.

Le maïs réussit sous tous les climats où réussit le noyer. Il exige plusieurs binages, et on peut cultiver *avec succès* les haricots dans un champ de maïs. C'est ce qu'on nomme récolte dérobée.

Le premier sarclage de diverses récoltes sarclées, telles que carottes, ou collets-verts, betteraves, etc., etc., exige un soin tout particulier, en ce sens qu'il faut apporter une grande précaution pour ôter les mauvaises herbes dans les lignes des semis sans nuire au plant qui, étant très-petit, se distingue difficilement des mauvaises herbes et qui, sans cela, serait souvent étouffé en partie par elles.

Pour les pommes de terre, un bon hersage suffit lorsqu'elles commencent à percer la terre.

En mai, on sème le chanvre, le millet, le colza de printemps et le sarrazin; on plante les haricots et on transplante les rutabagas, betteraves, etc., etc. On doit encore biner les récoltes sarclées si besoin s'en fait sentir.

Dans ce mois finissent à peu près les provisions d'hiver pour le bétail, comme racines et foin. La nourriture au vert devra bientôt commencer, soit qu'on nourrisse à l'étable, soit qu'on nourrisse au pâturage. Le trèfle incarnat et les vesces sont les premiers fourrages qu'on ait à sa disposition. C'est fin avril et dans le mois de mai qu'on donne un deuxième labourage aux terres en jachère.

ONZIÈME LEÇON.

Nous ne sommes qu'au sixième mois de l'année et déjà je crains d'avoir fatigué votre esprit par la simple nomenclature des plantes que j'ai citées, et par la nomenclature des différents travaux qu'elles ont pu exiger jusqu'ici.

Or, pour empêcher toute confusion de se produire en vous, je vais mettre devant vos yeux un petit tableau qui vous donnera des assolements une assez juste idée pour vous prouver qu'un bon assolement n'est pas plus difficile à suivre, que ne l'est la culture non raisonnée ou bien la culture routinière de vos auteurs, et qu'il n'exige pas la culture d'un plus grand nombre de plantes qu'ils n'en cultivent ordinairement eux-mêmes.

Prenons un exemple dans les assolements de quatre ans, non que je prétende l'indiquer comme un modèle à suivre, parce qu'alors ce serait *routine* contre *routine*, puisque l'agriculture n'est point une combinaison précise et invariable qu'on doit appliquer partout; mais prenons-le, parce que la démonstration sera plus courte.

Et pour plus de clarté, supposons un instant que l'un de vous prenne une exploitation (l'entrée a lieu au 11 novembre). Une partie de la ferme est emblavée en céréales d'automne, une autre partie attend la charrue et une autre doit servir de pâture. Or, quoique bonne, la terre semble fatiguée, et on a peu de fumier à disposer au printemps.

Vous débutez en portant votre fumier sur une portion de la partie non emblavée qui sert alors à vos récoltes sarclées, telles que pommes de terres, betteraves, carottes, haricots, et vous mettez en jachère une autre portion de cette partie de terrain précité (le surplus devant servir de pâturage) de manière à pouvoir cultiver le quart des terres de l'exploitation.

Voilà pour la première année.

Pour la deuxième, ce quart offre un blé sur lequel on sème un trèfle au printemps, et comme les ressources en fumier n'ont guère augmenté, on traite un autre quart de la propriété comme on en a traité un l'année précédente ; ce qui fait que moitié de l'exploitation est en culture.

Pour la troisième année, on aura un blé représentant le quart de la superficie du terrain qu'on exploite, sur lequel on sèmera du trèfle ; on aura encore un quart en trèfle, et un quart en jachère et en récoltes sarclées.

Pour la quatrième, on aura en blé le quart qui se trouvait en trèfle, auquel il faut ajouter le quart qui était en jachère et en récoltes sarclées, ou moitié de l'exploitation. L'autre moitié sera représentée par un quart en trèfle, un huitième en jachère, *sur une partie de laquelle pourront être faites des vesces*, et un huitième en récoltes sarclées; ces deux huitièmes forment le quatrième quart ou l'unité.

L'assolement auquel on arrive d'autant plus vite qu'on a plus de ressources à sa disposition, devient alors régulier et est celui-ci :

Jachère et récoltes sarclées, blé, trèfle, blé.... Cet assolement donnera deux blés en quatre ans sur la totalité des terres de l'exploitation, et un trèfle sur toute la surface du terrain cultivable; en outre, moitié des terres auront rapporté des récoltes sarclées et moitié aura été en jachère.

On aura pu chauler ou marner les terres qui auront porté des récoltes sarclées.

Et si on veut arriver à la destruction de la jachère, on y arrive en augmentant l'étendue des récoltes sarclées de manière à avoir cet assolement.

Récoltes sarclées, blé, trèfle, blé, assolement dont voici le tableau :

DIVISION DU SOL.

1re année	r. sarcl.	blé.	trèfle.	blé.
2e année.	blé.	trèfle.	blé.	r. sarcl.
3e année.	trèfle.	blé.	r. sacl.	blé.
4e année.	blé.	r. sarcl.	blé.	trèfle.

L'honorable magister pourra, ô mes jeunes amis, vous démontrer, si besoin est, que cet assolement est conforme aux règles prescrites dans cette grammaire agricole :

Attendu, que les récoltes sarclées ont reçu le fumier;

Que le trèfle a été fait sur la céréale qui a succédé aux récoltes sarclées et fumées;

et que le blé succédant au trèfle, se trouve dans d'excellentes conditions.

Maintenant passons au mois de juin.

En juin, la principale occupation dans une exploitation consiste :

1° Dans les binages et butages à donner à quelques plantes sarclées;

2° Dans la fenaison tant des prairies artificielles qu'on veut faire manger à l'état sec, que des prairies naturelles. Ici, l'œil du maître doit tout voir, surtout si le temps n'est pas au beau fixe, parce qu'il faut savoir expédier le plus d'ouvrage possible;

3° Dans les soins qu'exigent la culture de quelques plantes, comme ébourgeonner les cardères, couper les sommités des féverolles, etc., etc.

C'est d'ordinaire dans la première quinzaine de ce mois qu'on tond les bêtes à laine. Une tonte hâtive favorise l'engraissement de ces animaux.

Juillet est le mois où on commence à récolter.

C'est d'abord la navette et le colza qu'il faut couper avant leur parfaite maturité à cause de leur facilité à s'égrener.

Il est d'habitude de mettre ces plantes en meules aussitôt qu'elles sont coupées. Le grain gagne à être traité de la sorte. Puis vient le seigle qui fournit plus dans les terres de médiocre qualité, surtout si elles sont granitiques, que ne pourrait le faire le blé ou froment; puis la gaude, puis le pastel, plantes qui sont de celles qu'on ne rencontre pour ainsi dire que dans quelques localités.

Août, grand mois des moissons, c'est l'orge, c'est le froment, c'est l'avoine, c'est la moutarde noire, c'est... ou plutôt ce sont les récoltes de pavot, de cardères, etc., celles du lin, du chanvre... les greniers s'emplissent.

L'orge doit rester peu de temps en javelle, et une fois liée, on doit la rentrer ou la mettre en meule dans le champ. C'est le moyen d'obtenir un grain plus blanc, chose très recherchée des brasseurs.

Le froment peut être moissonné ou fauché. Les deux se font dans une exploitation de quelque étendue. Il faut le couper avant sa parfaite maturité, et le lier en gerbes aussitôt que le soleil a bien séché la paille. Dans les temps pluvieux il peut devenir avantageux de mettre le blé après le faucillage en meulons ou tout petits plongeons (1) dans le champ même. Cette méthode bien simple est en usage dans plusieurs contrées.

(1) La seule différence est que le plongeon ou grosse meule s'élève au moyen de gerbes liées le plus souvent à deux liens de paille, tandis que le meulon ou moyette se fait avec des javelles, en repliant toutefois les javelles du premier rang sur elles-mêmes, de manière que les épis ne touchent pas la terre.

La navette et le colza doivent ordinairement être semées du 1er au 5 août sur une jachère bien préparée et bien fumée. Si on veut semer après un blé, on doit enlever cette récolte le plus tôt possible, fumer et labourer sans retard et semer dans ce mois. C'est en pareil cas qu'on sent l'avantage du repiquage qui a lieu fin septembre ou commencement d'octobre. Mais n'anticipons pas. C'est encore l'époque où on fait rouir le lin et le chanvre. On songe à donner le troisième labour aux terres en jachère.

En septembre, on récolte les féverolles, le sarrazin, le maïs, les graines de trèfle, enfin on y récolte la plupart des plantes qu'on a pu semer au printemps.

On arrache les pommes de terre, on commence les semailles et on fait les regains.

Le blé se fait soit sur une jachère qui doit avoir reçu toutes ses façons et être ainsi nette de mauvaises herbes, soit sur une récolte sarclée après avoir donné un labour à la terre, soit sur un trèfle retourné, et il s'enterre à la herse ou à l'extirpateur.

On fait généralement, et il faut le faire toujours, servir à la semence du froment une préparation qui préserve la récolte de la *carie*. Le plus souvent c'est la chaux qu'on emploie à cet effet ; mais comme les divers moyens qu'on emploie sont pour ainsi dire tombés dans le domaine public, j'engagerai de suivre celui en usage dans la localité qu'on habite.

Le seigle se sème dans ce mois ; les semailles tardives peuvent lui être préjudiciables.

Peuvent être semés encore en septembre, l'orge et l'avoine d'hiver, l'épautre, le trèfle incarnat, les vesces et les féveroles d'hiver ; on transplante le colza.

Octobre, arrachage des carottes et betteraves, continuation des semailles de blé. Binage et éclaircissage du colza et de la navette semés à la volée.

Les raies et fossés d'écoulement des eaux seront faits dans chaque champ aussitôt que la semence de blé y aura été déposée et sera enterrée.

En novembre on pourra commencer les labourages d'hiver, clore ses champs de blés, tracer les rigolles dans les prés qui n'en auront pas et commencer à battre ses récoltes.

Les travaux à exécuter en décembre sont à peu près les mêmes qu'en novembre.

A cette époque on nourrit son bétail à l'écurie, et on continue l'engraissement d'hiver comme dans le mois précédent. Il est bon que les bêtes à cornes, destinées à cet usage, aient eu un peu de repos et aient mangé une partie des regains en herbe.

Tels sont, mes jeunes amis, les différents travaux à exécuter chaque mois en agriculture et que vous serez appelés à exécuter en partie.

Souvenez-vous toujours des principes généraux que cette grammaire enseigne, car ils sont la base et la règle de toute agriculture raisonnée.

Souvenez-vous que, quelles que soient les plantes auxquelles vous donniez la préférence dans votre culture, préférence basée sur votre position locale et sur les bénéfices que vous devez en attendre, il existe un ordre de succession dans les récoltes qu'on ne doit pas, sans motif sérieux, intervertir.

Agir autrement, serait agir sans discernement, ce serait continuer la routine, ruiner la terre et finir par se ruiner soi-même, car si le manque de capitaux nuit au développement agricole, rien, à coup sûr, ne l'enraie autant que l'*ignorance*.

FIN.

TABLE

Moulins. — Impr. Enaut, repr. par MM. Comoy et Gilliet.

www.ingramcontent.com/pod-product-compliance
Lightning Source LLC
Chambersburg PA
CBHW071157200326
41519CB00018B/5261
* 9 7 8 2 0 1 9 5 7 8 3 4 3 *